多肉植物手绘日记

Duorouzhiwushouhuiriji

花农女/著

重庆大学出版社

Diary of Succulents Painting

序一

　　在没有认识花农女以前，我也时常在网上翻看各种花草的图片，感叹别人家的阳台好美，觉得好看得不得了，但自己总是除工作以外的事就懒得行动起来，以阳台太小、工作太多等为理由，没有动手栽种过一盆花，后来因为与花农女有一个共同的朋友——虫虫，所以认识。不止是新朋友的新鲜感，还因为她会画清新的水彩，会做可爱的刺秀手工，会做漂亮的衣服，会烧可口的中式饭菜，会做美味的西式点心，满露台的花花草草设计摆放，大到屋内的设计，小到沙发靠垫、床罩漂亮的拼布都是她一手置办，就觉得应该没有她不会的东西，而且人也美美的，说话不紧不慢，这样一个人在面前，冲击力得有多大呀！我相信当你们看完这本书的时候也会感觉得到。书里的每一幅图都是她对花草用心的记录，每天她都会抽出些时间去画下她的一株植物，所以有了书里的"多肉日记"，用水彩图的形式与大家分享她的种植乐趣，也让人在阅读之余更觉得生活多了很多乐趣。所以啊，终于在她的光圈下，我加入种花种肉一族，自从小小的阳台上堆满植物后，晨起总会不自觉的看上好久，观察它们每天每周每季的变化，而且画起花草来，也会有不一样的心情。可以说也自从种花之后，早睡早起提水搬盆儿，腰也不酸了腿也不痛了么！这就一下子进入养生的节奏了呀！～慢！生！活！

　　呐，呐，呐，得良友，受益不尽！那我们算是画友？狗友？盆友？总之是好友，以后是老友。

扫把（知名插画师）

2013.9.6

序二

花农女告诉我，多肉植物的品种繁多得惊人，想要成书，只能取其中常见与自己特别喜爱的部分。

如同生活，庞杂得可怕。我们只能从小事开始掌控，从细节开始获得美好。像花农女所做的这样。

有花农女这样的好朋友，是一件很难让自己不骄傲的事。比如服装设计，有一次我跟卡斯丁多、阿梗两位插画师在希腊旅行，身上齐刷刷都穿着她做的美衣。

但我们不能就此把她定位为一位服装设计师，因为她还擅长画画、美食、种花——特别是多肉植物。

好多人有过心血来潮买了一大堆肉肉，最后全部挂掉的经历，所以大家觉得花农女家的多肉植物肤白貌美气质佳定有秘方。

说来也有，就是用心。花农女对多肉植物可谓痴迷，每每淘到一样都会用心对待。配土，搭配，种植，半夜也会因为风雨突至奔上露台搬运它们，

把它们养护得枝叶繁茂，然后画下。

　　这本书收录了花农女近年绘画的多肉植物，全部源于自家的露台。朝夕相处，日夜描绘，所以画中植物呈现出如此丰富和自然的面貌。书中还详细描绘了从购买多肉植物第一天开始的种植记录、养育经验、心情故事。如果你也喜欢，就可以沿着花农女所提供的简单方式开始，去养一株多肉，陪它成长，观察它，拍摄它，甚至画下它——不是画家也可以。看看书中的小教程，每个人都可以拿起笔去尝试。

　　仅仅围绕着多肉植物，一切就变得妙趣横生。我们当然可以过更美好的生活，从养一株多肉植物开始。

虫虫（绘本画家）

2013.11.30

目录

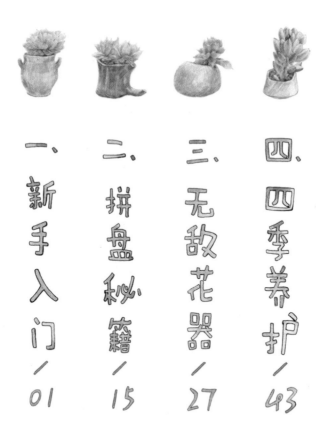

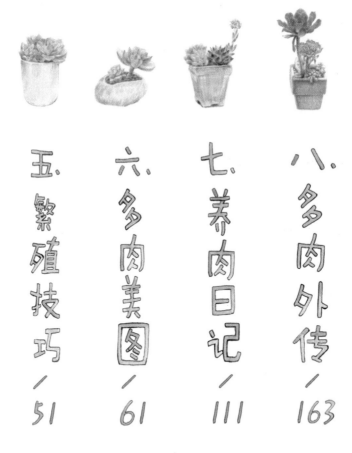

一、新手入门

多肉植物:

多肉植物 又叫多浆植物,具有肥厚、多汁的茎、根或叶片。它们大多生长在干旱或缺水的地区,依靠其肥厚部位 贮藏水分维持生命。

全世界共有多肉植物一万多种,隶属50至60多科,常见的仙人掌也是多肉植物的一种,它们在夜间吸收二氧化碳产生苹果酸,白天释放氧气进行光合作用。多肉植物种类丰富、大多清新可人、颜色多变;不需要大量水肥,养护方便、简单。完全算得上活的、美观的"空气净化器",既具有实用价值,又具有观赏价值哦!

多肉植物简称多肉,爱称"肉肉",喜欢多肉的人叫"肉迷"。越来越多的人加入"肉迷"行列,一旦入迷,会越迷越深!

按贮水组织在多肉植物中的不同部位分成三大类型：
- 叶多肉植物
- 茎多肉植物
- 茎干状多肉植物

常见栽培的多肉植物
- 仙人掌科 (仙人指、令箭荷花、鳖瓜兰)
- 番杏科 (生石花、鹿角海棠、碧光环)
- 大戟科 (绿珊瑚、虎刺梅、辉山)
- 景天科 (紫珍珠、爱染锦、筒叶花月)
- 百合科 (宝草、圆头玉露、草玉露)
- 萝藦科 (爱之蔓、佛头玉)
- 龙舌兰科 (龙舌兰、龙血树、虎肉兰)
- 菊科 (紫蛮刀、绿之铃、蓝松)
- 马齿苋科 (金钱木、雅乐之舞、吹雪松)

按习性分为：
- 冬型种 (巴、玉扇、玉露)
- 春秋型种 (银波锦、福娘、熊童子)
- 夏型种 (多数仙人掌科、大戟科植物 黑王子、吉娃娃、白牡丹)

商品ID: ×××××××××

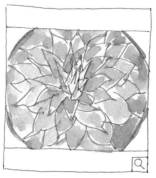

价格: ¥ 25.00

物流运费: 山东济南至重庆·快递: ¥12.00

30天售出: 4件

评价: ★★★★★ 4.9分 11条评价

宝贝类型: 全新 1142次浏览

支付: 信用卡分期 快捷支付·服务

购买数量: -1+ 件 (库存3件)

立刻购买　加入购物车

你还可以: 分享该宝贝　收藏该宝贝(6)

 我的淘肉心得

　　我的多肉植物主要来自本地花市、淘宝或者多肉论坛的团购。每一次淘到喜欢的品种, 都会激动很久。

　　在花市买多肉的好处是看得见实物; 弊端是品种有限, 不便于货比三家, 容易冲动购物, 也容易买贵。

　　在淘宝买多肉确实很方便, 选择范围也广, 品种丰富, 价格也相对便宜; 弊端是无法看到实物, 要提防货不对版, 而且肉肉在运输过程中也可能损伤。

　　在论坛团购的好处是可以买到国外的稀有品种, 价格也相对便宜; 但有一定的风险。一定要多了解, 核实卖家交易记录。参团运输中多肉受损的情况更为普遍。

　　其实, 只要用心, 就能淘到自己喜欢的品种。经过多年的淘货, 我的身边有了一个肉肉大家庭, 它们来自世界各地, 习性各不相同, 但相处得其乐融融!

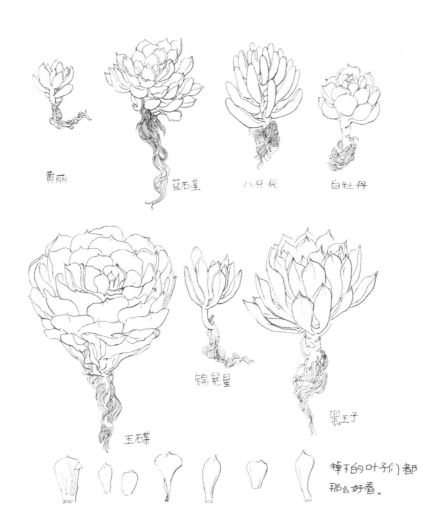

黄丽　　　蓝石莲　　　八仟代　　　白牡丹

锦晃星

黑王子

玉石蝶

掉下的叶子们都
那么好看。

2012·10·28 网购了这一堆。

11·2日 收到，包装得很好，全好无损。

玉蝶和黑王子都很大株，直径都在10厘米以上，黄丽和白牡丹都很袖珍，
直径4～5厘米左右。黄蓝白紫红，斑斓的一堆，煞是好看。

用网购的白铁皮盆 凑好一个组合，种好后铺上白色石子，美翻了！

种多肉 所需要的工具&材料：

① 小工具一套

筒铲一套

做多肉拼盘加土铺面利器

② 浇水壶

种肉必备工具之一，
可以控制浇水量
长尖嘴可以把水浇
到肉肉根部。

③ 直头镊子和弯头
镊子，是组合拼
盘利器，摘取枯
叶时也很好用。

④ PVC 园艺手套

保护双手必备，可以防止手接触到土伤
皮肤，喷药时可以避免药溅到手上，但手
套一般较大，不方便操作，我还买了医用
手套，很贴手，做拼盘时戴上就利索多了。

⑤花器一个　　⑥小毛刷一支、吹气球一个

在种植后用小毛刷刷去叶面的土粒（我用的是不要了的画笔），容易掉粉的肉肉就要用吹气球吹去叶面的土。

⑦介质（也就是土啦～）

我用的是 ⎧ 泥炭
　　　　 ⎨ 蛭石　　3:1:1
　　　　 ⎩ 珍珠岩

比例根据花器材质略有调整。

⑧装饰用的陶粒或轻石用来铺面～

当然, 还要有几株刚买来的或是需要换盆的肉肉!

go～就可以开工了!

 # 栽培方法：

多肉植物品种繁多，习性各不相同，栽培方法也不能一概而论。笼统的栽培方法如下：

光照

夏季小心高温和长时间的曝晒，多肉植物组织细胞肥厚，散热缓慢，非常容易造成叶片晒伤。其他季节充分日照有助于植物生长（有很多需要阴凉的植物12卷之类的要避免日光直射）。

水分

见干见湿，浇水要浇透。生长期适当多给些水，休眠期注意控水，甚至断水。

温度

温度在15～28℃最适宜。5～35℃是植株忍受的极限。

空气

通风很重要，在闷热的夏季夜晚加强通风。

土壤

透气、排水良好，不易结块的土壤。

栽培技巧

注意控制好浇水，要做到见干见湿。

"见干"是指浇一次水后等到土表发白，表层及内部土壤水分消退后，再浇第二次水。

"见湿"是指每次浇水时都要浇透，即浇到盆底排水孔有水渗出为止，不能浇"半截水"，因为一盆生长旺盛的植物的根系大多集中于盆底，浇"半截水"实际上等于没浇水。

窅植：

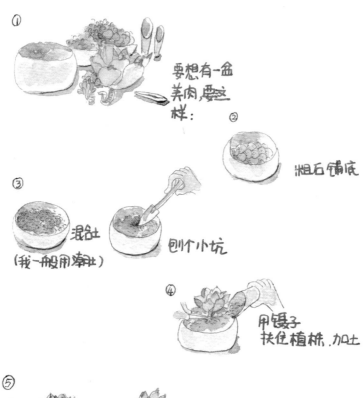

① 要想有一盆美肉,要这样:

② 粗石铺底

③ 混合土
(我一般用牽牛)

刨个小坑

④ 用镊子扶住植株,加土

⑤ 相同的操作

轻石铺面,美啦!

⑥ 放在阴凉通风处2～3天

⑦ 然后就可以晒了！

⑧ 浇一次透水,然后
等土干到发白时再浇。

潮土：将混合后的介质打湿到捏不出水的状态。

介质是多肉的"立足之本"

作为介质，泥炭、蛭石、珍珠岩混合的配方经济适用，我一般都用它们。

目前看来肉肉们生长状况还不错，叶插、枝插存活率也高。因为还混入了一点点缓释肥，肉肉们也都肥肥壮壮的。

种肉首推赤玉土。因为它低肥、微酸、透气、保水，据说是针对肉肉生理特性的绝配，被称为"傻瓜土"，无须太多理论知识就能养得很好。不过，我的一位朋友刚迷上养肉，用的也是赤玉土。可他没注意通风，家里的肉肉几乎全军覆没。所以，介质、通风、浇水量都很重要哦。

除了赤玉土还有很多选择。比如兰石、树皮、轻石、陶粒、植金石、鹿沼土、河砂、煤渣、水苔……这些材质各有利弊。我觉得在种肉介质上没有完美的，只有适合的！也没有绝对的，各地气候条件不同，肉肉们的习性也会有些变化，只要能做到疏松，透气，排水良好，都有可能让肉肉们长得很好！具体材质的配方要自己多实践、多比较。

一起来种多肉吧～

二、拼盘秘籍

一直以来,我都喜欢植物热热闹闹地生长在一起。作为一个普货"肉迷",虽然我也艳羡肉友们单个种植的卓尔不群的"贵货",但我还是热衷于把肉肉们组合在各种独特的容器里,做成色彩丰富、别具一格的多肉拼盘。

其实对拼盘感兴趣的"肉迷"很多,但是很多人都不知道该怎么拼,不是拼出来不好看,就是拼出来活不长久,下面就给大家介绍一些我做拼盘的经验和诀窍。

多肉拼盘秘籍中的四大要素

1 习性

　　多肉植物按习性分为两类，即"冬型种"与"夏型种"。

　　冬型种的最佳生长温度为10～20℃，低于5℃或高于30℃即休

眠，休眠期需断水。常见的景天科、百合科、番杏科大多数都属于冬型

种。

　　夏型种的最佳生长温度为15℃以上。仙人掌科、大戟科属于夏型种。

　　其实在景天科中，"冬型种"与"夏型种"并不绝对。有不少多肉植物随

着环境的迁徙，习性也发生了变化。一株原本养在寒冷北方的肉肉来到闷热的

西南，它的习性多少都会有些变化。

　　组合拼盘的时候，需要先了解一下肉肉们各自的科属，了解它们对日照、

水量的需求，尽量选择习性相近的组合在一起，这样，肉肉们才能在一起成为

一个和睦的大家庭，一起美下去。

　　比如百合科十二卷属的玉露，喜凉爽半阴、有一定空气湿度的环境，不耐

寒。我看到很多朋友买到玉露，就一股脑和其他科属的组合了！赶紧挖出来

吧！不然就得你死我活了！

2 株型

制作拼盘要考虑的第二个因素就是多肉植物的株型，特别是大型的组合。可以考虑两个风格：

数量风格：以若干个相近株型或者同品种、同大小的数量取胜。

有一年我去香港，看到中环老街路边一大盆全是紫珍珠的组合，很霸气地打动了我。今年我买了一个大陶缸，种了十个玉蝶进去，效果也很不错。

层次风格：遵循高低错落有致的原则。

以景天科植物为例。

形状：常见景天科植物大致分为三种，即"柱状"与"花状""碎状"（不知道怎么定义，所以发明了这么一个称谓）。

柱状以青锁龙属植物为代表，呈直线向上生长，易分头（筒叶花月、钱串、纪之川等），还有大戟科的绿珊瑚。

花状的较多，比如石莲花属（雪莲、黑王子、吉娃莲、黄丽、锦司晃、红司、大和锦、白牡丹等）、长生草属（观音莲、卷绢等）都是此类。

"碎状"：黄金佛甲草、护盆草、薄雪万年草。不要小看了"碎状"肉肉，它们可是拼盘的必备佳品，养护简单、色彩丰富，极富装饰效果。

简单地说，一个或者几个"柱状"的肉肉，配几个"花状"，最好再配一丛"碎状"就是极好的组合了！

如果不喜欢太满的效果也无妨。组合完工后，在土表铺上陶粒或者白色的小石子也很好看。这个时候如果觉得局部太空，没关系，放一个小摆件或者小贝壳、小海星就漂亮啦！

2009.12.17 ☀

拍摄于香港中环老街某花店外，巨大的一盆
紫珍珠摆在老旧斑驳的老街上，很是惹眼。

③ 色彩搭配，形成对比

多肉植物让人着迷之处，除了肉肉的质感就是丰富多变的颜色。在光照充足、温差较大时，多数肉肉会发生变色现象，原本的绿色被绚丽多彩所代替。

选择不同颜色的多肉植物，在组合搭配上也有一定的讲究。如果植材数量不多，相同的颜色尽量避免邻近种植，可间隔其他颜色种植。同时，相互之间形成对比强烈的色彩，视觉效果更佳。如果在组合的时候考虑一些互补色、对比色的运用会大大增加拼盘的美感！

肉肉变色后的颜色主要有红、黄、蓝、紫、黑、白。

红色：火祭、红稚莲、姬胧月、唐印。

黄色：黄丽、铭月、黄金花月、黄金佛甲草。

蓝色：霜之朝、蓝黛莲、蓝松、皮氏石莲。

紫色：紫珍珠、厚叶旭鹤、紫玄月、江户紫。

白色（浅粉色）：白牡丹、宝石花、雪莲、鲁氏石莲。

黑色：黑法师、黑王子、大和锦、小和锦。

4 适合的器皿就是好器皿

　　做多肉组合，对器皿没有严格的要求。比如红酒木盒，废旧的水果篮子，藤编框，家里不要的砂锅、药罐、铁皮饼干盒都可以。用这些器皿可以算旧物利用，用得好还会让组合美感加分不少。

　　小器皿和大器皿有不同的讲究。小器皿种上颜色不同的两三个肉肉就有效果了，比如小酒杯、茶杯、小玻璃瓶。大器皿可能就要用到五到十株乃至更多的肉肉，就要考虑到株型、习性、颜色的搭配。

多肉拼盘方法图解：

① 先盆，先肉（注意：习性、色、型）。

② 配土，入盆 1/3 左右（铺上石块后）。

③ 规划区域。

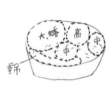

④ 按肉肉的高矮顺序栽起来。

⑤调整　　　栽好后可以托住肉肉茎部用小铲调整位置，

整个布局要么做成没有缝隙很挤的，
要么做成有疏有密的，国画讲究的：
"密不透风，疏能走马"可以用在这里。

⑥装饰

用筒铲装上陶粒或小石子或赤玉土铺满土表面，
一个漂亮的肉肉拼盘就完成了！

用吹气球吹掉叶面的
泥土。

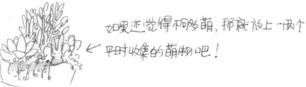
如果还觉得不够萌，那就放上一两个
← 平时收集的萌物吧！

⑦在阴凉通风处放置两三天，拿出来开始正常养护吧！
土干再浇水哦！

小贴士：
　　1.做拼盘最好在春秋两季进行，因为操作中难免会伤到根
系，冬夏温度太冷太热都不利于根的恢复和生长，会造成烂根。
　　2.随着肉肉们慢慢长大，拼盘会变得不那么好看了，不急！
修剪掉长高的部分做扦插，肉肉们又好看了～

2013.1.31

今年技术不行，
明年的今天争
取能做一个多
肉蛋糕给自
己。☺

今年就
画一
个肉蛋
糕。
这几天肉肉
们都露
着，颜
色各种美
艳。

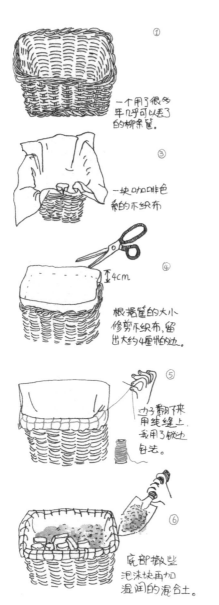

① 一个用了很多年几乎可以丢了的柳条筐。

③ 一块咖啡色的的不织布

④ 4cm
根据筐的大小修剪不织布，留出大约4厘米的边。

⑤ 边子翻下来用线缝上或用了锁边包起。

⑥ 底部撒些泡沫块再加湿润的混合土。

② 一堆刚到的的多肉。

⑦ ——种好后，扶住各位小主，用筒铲撒上装饰用的小石子或者陶粒。

⑧

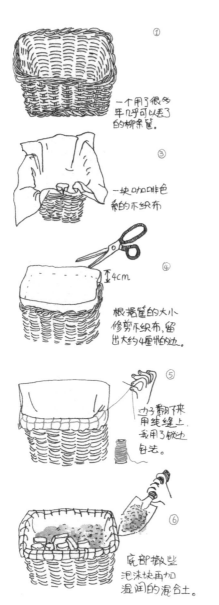

看！一盆清新可人的多肉组合诞生了。算旧物利用吧，节约了买花盆的钱，效果还比花盆呢！

三、无敌花器

红陶盆

陶瓷

铁皮桶

搪瓷壶

竹篓

 花盆器皿的N种来源

在多肉花器的问题上，我主张多元化，好看的容器都可以用作养肉的花器。可能是因为我养的都是普通品种，可以通过独特的花器增加观赏效果吧！

我一向喜欢淘好看的罐子。丽江的铜壶、土陶的罐子、紫砂茶洗、搪瓷壶、白铁盆、小镇的竹器、杂货铺的铁皮罐……养肉以后，这些旅行路上收集来的罐子都被一一征用，成为别具一格的花器。

可是，还是不够用怎么办？家里用不了的砂锅、熬药用的砂罐、捣蒜的石臼、白瓷杯子、玻璃摆件、小木桶、捞面的竹勺……十八般利器样样皆花器啊！用得好，可以让肉肉美上十倍哟！

还是不够？书报篮、放杂物的藤条筐，经过一番加工都可以作花器用！再不够？自己用水泥做一个质朴的水泥花盆！

利用家里的闲置物来作花器，可以节约人民币，不浪费资源，废物再利用，还可以让肉肉们呈现出普通花器无法达到的独特效果。

自己制作水泥盆一定要留出水洞口，其他种植程序也没有什么独特之处，特别好看，我做好之后种上的肉肉也没有出现不适症状。

不同花器的种植法

作为养肉花器，红陶盆效果是极好的，美观，款式多样，透水透气！

一些传统的粗陶制品养肉透水透气效果也不错，比如：土砂锅和熬药罐。

木桶作为养肉花盆不错，通风透气，深度太深不利于多肉根部吸收水分，种植时在桶底部放置适量钵底石是有必要的。

鹅卵石盆，风格独特，观赏效果极佳，很适合多肉的风格。但是买来时没有出水孔，种植时一定要先在盆底铺入钵底石，养护时控制浇水，以免积水烂根。

玻璃花器（我把一些装饰用的玻璃器皿也用来种肉了），这类花盆也是观赏效果好，但是通风透水效果欠佳（玻璃制品没有出水口，器皿壁密度大，完全不通风透水）。种植时先铺适量钵底石（一般视深度而言，铺三分之一、二分之一都有可能）。

竹编藤编器物作为种肉花器，透水通风效果太好，浇水时水就直接流走了，适合一些特别不喜欢水，耐旱能力强的品种，否则就要用到一些吸水效果好的介质。

陶瓷花器、彩色陶盆这类花器颜色多，效果丰富，大多有出水口，也适合种一些比较喜水（比如玉露）、根系发达的品种。

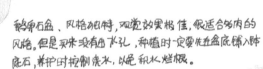

鹅卵石盆、风格独特，观赏效果极佳，很适合室内的
风格。但是买来没有出水孔，种植时一定要先在盆底铺入陶
底石，养护时控制浇水，以免积水烂根。

白铁皮盆

做旧的白铁皮盆种肉肉视觉效果非常好，但是这种容器一般无出水口，盆底一定要铺上陶粒或轻石，浇水要适量，避免积水造成烂根。

红陶盆无疑是种肉的最佳花器，颜色漂亮，款式多样，装饰效果极佳，最关键是有透水、透气的特点，非常适合多肉的生长习性。

白色陶瓷花盆美观大方，几乎是百搭花器，缺点是不透气、不透水，种植多肉时最好选择有出水口的器皿，盆底铺上轻石，控制浇水量避免积水造成烂根。

一切容器皆"花器",更是皆"肉器"。只要你使用得
当,用得巧妙,就会得到意想不到的独特效果。
名画用的竹勺,我灵机一动,觉得用来种肉不
错,先用无纺布铺底,然后是正常穿植方法,
挂在木墙上面,很好看吧?:)

我的自制水泥盆，酷吧！

小木桶：

春天是劳动的季节，
换盆、松土、施肥、播种。劳动间隙在花间小坐
是最惬意的事（护肤品店里的套装，就是看中这个
木桶包装）。用来种肉很有味道。透水和透气性很佳。

我爱铁皮桶

很多年前的某一天，我看到一本日本杂志上的图片：各种锈迹斑斑斑
的铁皮桶种着各种狂野的多肉植物。那时候还不流行这种现在
所谓的杂货铺风格和森林系风格。但当时这张图片对我的打动和
视觉冲击不亚于一幅世界名画，所以养肉后淘了不少铁皮桶。

用旧物DIY一个花器吧

一个铁艺书报栏放在家里一直没有用，突然觉得用来种肉还不错。说干就干！我找来剪刀、不织布、针线就开动了。

1.构思（根据现有的旧物，想象一下要达到的效果）。

2.蒙上不织布剪出想要的形状。

3.缝制，固定（避免填入的介质渗漏，尽量缝严实一点，同时要注意美观）。

4.拌好潮土（由于不织布透水效果很好，在这里要选用一些保水性好的种植介质，比如赤玉土）。

5.填充一半轻石或者小泡沫块。

6.选多肉搭配（注意习性，颜色和株型、大小、高矮）。

7.加土定植，整理装饰。OK啦！

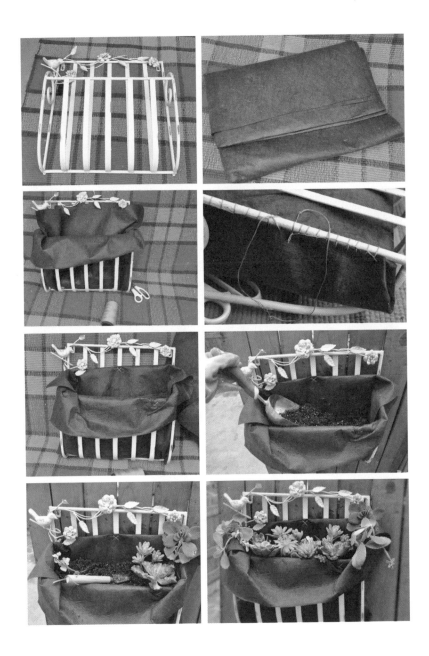

四、四季养护

四季养护

多肉植物也叫多浆植物，叶片里有充足的水分，所以有朋友新入门问我浇水问题，我都强调宁干勿湿，它们自身储备的水就可以让它们生存很久，如果浇水过多，叶片存不下过多的水分就会造成腐烂，最后慢慢"挂掉"！所以四季养护中水是重点。

 春

春天是很多植物的生长季，也是适合大部分多肉植物生长的季节。这一段时间肉肉的叶片和根都会充分生长，所以浇水量会稍微增多，我把肉肉们搬到室外接受春雨的洗礼，那叫一个疯长！一天一个样！这个季节可以换盆，大量入肉，也是播种、叶插、枝插的大好时机。

浇水量
〰〰〰〰〰〰〰〰〰

适量施肥

 夏

大多数

夏天是多肉植物难熬的日子，有"一夏回到解放前"的说法呢！
这个时期，养护有三大要素：通风、遮阳、控水。夏季高温多湿，闷
热，不利于水分蒸发，不注意养护，多肉植物会烂根掉叶，产生各种
病虫害。进入初夏可以对叶片、根部、盆土进行一次预防性的
消杀。

多肉植物有冬型种和夏型种之分，还有春秋型种~冬型种，春秋
型种入夏可能会休眠，停止生长，一定要注意，控制水分，避免阳
光直射，加强通风。

夏型种的肉肉可以充分给予光照，加强通风，浇水也是"见干见
湿"的原则，但务必在早晚进行。

常见的冬型种、春秋型种：

铭月、乙女心、八千代、虹之玉、黄丽、福娘、熊童子等

常见夏型种：

唐印、江户紫、火祭、月影、黑王子、玉蝶、子持莲华
以及多数仙人掌科，多数大戟科多肉。

浇水量　　　　　　　　　不宜施肥

冬型种　　　　　　　　　夏型种

💧💧 ⚪⚪⚪⚪⚪⚪⚪ 　　💧💧💧💧⚪⚪⚪⚪⚪

秋天也是适宜多肉植物生长的季节,凉爽干燥,昼夜温差大,肉肉们绿了几个月的叶子也开始变得五彩斑斓。

这段时间浇水量增多,充分给予光照,可以翻盆换土,分株,扦插,又可以大量入肉了!　　　　　适量施肥

浇水量

●●●●●●●○○○

冬季温度低,日照短,这个时期多肉植物护理要注意保温,加强光照,如果温度不是太低,冬型种、春秋型种都能生长,夏型种进入休眠状态、室温不宜低于5℃,控制浇水量,防止冻伤(尤其在北方寒冷地区)。

不宜施肥

浇水量:

冬型种　　　　　　　　　　夏型种

●○○○○○○○○○　　　○○○○○○○○○○

冬天不是多肉的末日

　　在人们印象中，多肉植物是不耐寒冷，不容易过冬的。温度低的时候为了防止霜冻，要减少浇水频率。水少后，多肉植物体内的浓度变高，不容易上冻。和夏季一样，控制浇水。特别是不耐寒的品种可以完全不用浇水。

　　不耐寒的品种叶片会掉落，完全停止生长进入休眠。这些品种在春天之前可以完全断水等待新芽的复苏。低于5℃必须室内过冬，放在有光线的窗边，尽量日照。晚上气温低，要把肉肉放在离窗稍远的地方防冻。

夏
很多肉肉都隐长了, 掉叶了, 休眠了,
还有挂掉了。唯夏型种的
"子持莲华"却风华正茂。

冬
露养的吉娃娃被冻得美根了。

He Xin. 2013.2.12.

五、繁殖技巧

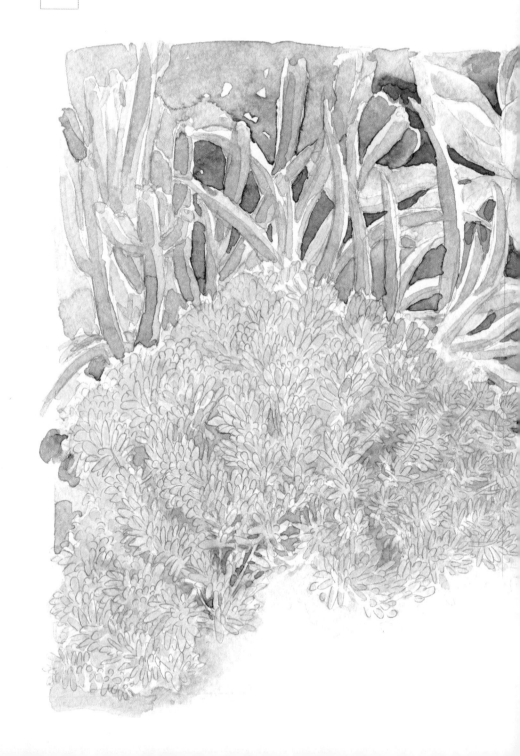

多肉植物的繁殖也是
播种和扦插的方式。
在这里介绍多肉植物奇妙
的扦插方式。多肉植物的扦插
分为叶插和枝插，有些种属两种方式都
能繁殖，有些种属却只能进行
枝插或叶插，都在春秋生长
季进行为佳。

多肉植物的繁殖一

叶插:

① 准备叶片

可以在网购收到肉后看看有没有完整的叶片；如果从植株上摘取，要在土壤干燥时操作，手轻轻捏住叶片左右摇几下就取下来了。

土壤湿润时叶片不易摘取。

注意保持叶片的完整哦！要齐基部取下！

② 把介质配好，放入盆口稍宽大的容器中，弄平整 (干燥的介质)。

③ 把准备好的叶片排列好，可以平行排列，也可以在圆型容器里呈放射状排列，注意要叶面朝上！

虽然是 "叶插"，其实这样放在土表就可以啦～

④放在阴凉通风的环境里，这期间千万不要浇水哦！
不然叶子很容易腐烂。7～15天的时间，新叶或者根
就会从叶片基部冒出来！
不管它先出根还是先出叶，都是样子很萌、颜色很美的！

⑤根和叶都出来就可以把它们拿到阳光下晒晒，适当
浇水。
还可以调整一下它的睡姿，铲一点土把根埋起来。

⑥等肉崽子们长大一点后就可以移植到乖器皿中去啦～
圆型器皿中放射状排列的崽子们再移植，请耐心
地等待它们长成满满的一盆。

⑦随着新生命慢慢长大，叶片会慢慢枯萎，不用管它，让它彻底干掉，小崽子长大些就很好去除了，提前摘掉一是怕伤到根和新叶，二是有可能还会诞生出新的小崽。

　　　生出双头、多头是常有的事哦！

有趣吧？开始行动！

这就是养肉肉的乐趣之一，叶插种，用片叶子就可以开出一朵花来，又是一株新的生命。

扦插最好在春秋时节进行，其他两季不是太热就是太冷，叶片容易坏掉！

养肉是一件需要爱心和耐心的事～叶插也是，一些朋友在铺上叶片后的第二天就来问我：咋个还不发芽呢？然后天天问"囧"不要急，心急吃不了热豆腐，也做不成任何事，慢慢地去感受，去享受这个过程吧。

枝插：

枝插是多肉植物重要的繁殖方式。很多多肉都可以以叶插繁殖，有些多肉比如黑法师，八千代，熊童子，更适合枝插。

一、

① 晾干切口。

③ 2~3天后 插入干燥介质，一周后喷湿表，两周左右浇水。注意控水，防止烂根。

二、

① 同上

②  直接将剪下的枝条放入细颈玻璃瓶，等待生根。

③  生根后种入介质，注意别伤到根。

两种方法各有利弊，但都要避免强光直射，生根后方可进行正常日照；都要控制给水。
被叶片挡住枝干的多肉可以这样：

①剪下合适的长度。　③掰下插的叶子，做叶插，露出枝干。②同上

六
多
肉
美
图

小时候，妈妈养了很多花，其中就有肉肉的身影。
仙人掌、仙人球就不用说了，还有宝石花和飞蝶，过
家家的时候宝石花常被我们摘下叶片做成"肉片"。
就是这些被丢在花盆边的"肉片"顽强地活了下来，还
生出小崽，给我留下了美好的记忆，也让我和肉肉们结
下不解之缘。

某年的一天，美院家属区二楼窗台的宝石花长得铺天盖地，气势非凡。拖到雨棚上再垂着长下来，不知有多少行人会注意到它，也许人都遗忘了，提这个画面却深深地烙在我的脑海里。

我与多肉植物的一天

我的每一天，从多肉植物开始，以多肉植物结束。

这可能是多数肉迷的生活写照。虽然说多肉是不需要花大量精力来养护的植物，半个月不浇水它绝无半点怨言，但是爱它，就得了解它、懂它、呵护它。

春天多雨，早上得把它们搬出去淋淋"贵如油"的春雨，晚上得把它们搬进屋，怕淋雨太多，没有孔的盆里的肉肉更是不敢多淋。

夏天太阳太"毒"，早上要把它们搬到阴凉的室内或者遮阳棚下，晚上又得搬出去透透气。

秋天，尽可能把肉肉们放到光线明亮处，要多让它们照到阳光，这样才能看到它们绚丽的色彩。早上看看土会不会太干，晚上看看它们有没有长高。

冬天冷，一早得搬出去晒晒，晚上低于5℃就搬进屋待着吧。不要笑我是"肉痴"，还有比我更痴的。养护植物就是这样，你用心了，用爱了，植物也是懂得的，它们会回报你水灵灵的状态和华丽的颜色。

下雨了，把它们搬走躲雨，冬天搬去晒太阳，夏天搬去阴凉处……
高兴时看看它们，在心里给它们说说高兴事；
郁闷时看看它们，每一盆都是我的心灵树洞……

今年购的第一批肉肉。

2013.1.2网购于淘宝，卖家是山东的，因为太冷大号才发货。不过，八号就到了，晾了两天于昨天种上。这次的货真是令人满意，特别是吉娃娃超大一颗！直径足有十五厘米吧，还有若干花苞。

记录一下购买的品种：

初恋 吉娃娃 芙蓉雪莲 象牙莲 青凤凰 月光女神

凝脂莲 玉露 可可姬玉露 雅乐之舞 爱之蔓 爱之蔓锦

老板赠送了黄丽和十字星。芙蓉雪莲和青凤凰都是无根的货，希望快快长根吧！

2013·1·11

黑王子

Hai yan· 2013·11·7

黑王子，景天科拟石莲花属。

其实这是个多变王子！秋冬季节阳光充足、温差大，它就是黑黑的王子，今年春天它变成了红王子，夏天我把它们拿进室内就都变成了绿王子。这是一颗形色兼备的高贵普货！

黑王子喜温暖，干燥和阳光充足的环境，耐干旱，不耐寒，耐半阴，夏季高温时有短暂的休眠期，冬季盆土干燥也能耐3～5℃低温。
繁殖方式：叶插，分株。

玉蝶　景天科　石莲花属

在温暖、干燥和阳光充足的条件下生长良好，而耐旱和半阳，
不耐寒，忌阴湿。即使盛夏也不必遮光，但要求通风良好。

玉蝶的繁殖可在春秋换盆时进行分株，也可在生长季剪下旁
生小莲座进行扦插；也可做叶插，都很容易存活。
小时候家里就有它，所以感情很深，特别喜爱。

Han yan·2012·12·18

白凤　景天科 石莲花属

青屋美人. 景天科 厚叶草属

喜欢干燥, 通风的环境, 喜光, 日照充分. 温差大时叶尖变红,
对水分需求少。

繁殖方式: 叶插, 枝插。

女雏 景天科拟石莲花属

秋冬温差大、阳光充足的时候，女雏的绿叶子尖呈粉红色。
喜温暖、干燥通风的环境，喜光、耐旱、耐寒、耐半阴、不耐
烈日暴晒，夏季高温休眠或半休眠。
生长适温15～25℃，冬季不低于5℃，夏季高温休眠时期应度
遮阴、通风、控水，冬季保持盆土干燥。

吉娃娃 景天科拟石莲花属 夏型种

喜温暖干燥和阳光充足的环境，耐旱，不耐水湿，无明显
休眠期。我的吉娃娃冬天长出七条花茎，开出几朵桔色花朵，
同上～配上绿叶红尖，美艳无比！六月初居然又长出一条花茎。
因为见厚厚的叶片和红尖尖颇受女孩子喜欢，萌物典范！

黄金花月 景天科 青锁龙属
"花月"的变种，喜温暖干燥、日照充足环境，耐半阴。
日照充分时叶边变红。夏季休眠，避免强光直晒。
繁殖方式主要为枝插。

紫弦月 菊科 千里光属
喜光线充足、通风良好的环境，光照充分温差大时叶片变成
紫色，垂吊的狭长紫色叶片，所以被称为"紫弦月"。春秋季开
出黄色花朵。生长期生长迅速，对水的需求也会增大。
繁殖方式：扦插。

画呀画~，画到天黑了。

这是用煎中药用的黑罐种的
组合。黑法师，黑法师原始种，
棒叶不死鸟，姬小松，台阁。
画法师一直不满意，今天总算有点
感悟了。 2013.3.5 Hai yan.

黑法师　景天科莲花掌属
黑法师喜温暖干燥、阳光充足的环境，耐干旱，不耐寒，稍
耐半阴。用肥沃、排水良好的培养土种植为佳，春秋季生长，
夏季短暂休眠，休眠时保持良好的通风条件，控水。
我的黑法师与黑法师原始种一直露养在外，通风控水，
长势良好！颜色美不胜收！

繁育方式：砍头扦插。

这应该是宝石花老品种，
五年前在花市买的，时下抢手的
老桩。把它和玉吊钟养在窗台就
没怎么管了，后来疯院还以为它
挂了。
这次搬家，整理疯长的玉吊钟，
才发现它混迹其中，安然无恙。怀着捡到宝的心情栽种。

养植物为什么有乐趣？因为它们总是会给你惊喜。玉蝶由绿变红，枝干上生出许多小崽，小崽们又变出红尖尖！

而这些又都会随天气的变化而变化，多晒太阳它们会继续变红，阴天多又变绿。

我的唐印长得张牙舞爪的，一点都不淑女。刚买来的时候它白白粉粉的，养在阳光房里晒了几天它就红了，也生出几个小崽子，当然也有叶片老去，枯萎。

2012.原本
神秘莫测、
充满传奇
色彩的
一年就
要过去了。
这一年我
经历了
很多人生
中重要的

事件。有愉快的.不愉快
的，但是终究还是过去
了.还是那句话.珍惜
所拥有的,忘.记不愉
快的,追求所追求的.
今天阳光明媚.仿佛是
个好兆头!
让2013平平淡淡地来吧,
愿岁月静好~~

Hai Yan . 2012. 12. 31

熊童子 景天科 银波锦属。
宜温暖干燥环境,忌寒冷和过分潮湿。
夏季温度超过30℃时,植株生长基本停带,此时应减少浇水,
加强通风,适当遮荫,避免烈日曝晒。
春秋生长期可充分浇水,冬季严格控制浇水,保持盆土干燥。

观音莲

观音莲座
隶属景天科,长生草属。
别名长生草,观音莲,佛座莲。
因其株形端庄,犹如一朵盛开的莲花而得名。
发育良好的植株在大莲座下面会生出一圈小莲座。
生长习性:观音莲喜阳光充足和凉爽干燥的环境。
夏季高温和冬季寒冷时植株都处于休眠状态,
生长在较为凉爽的春秋季节,生长期要求充足阳光,如果光照不足会导致株形松散,不紧凑。
繁殖方式:叶插,枝插,分株。

黄丽　Sedum adolphii

景天科景天属．喜欢充足的阳光，
光照充足叶片边缘会变成漂亮的
红色。
光线不足颜色变暗淡，枝叶会陡长。
忌潮湿，春秋是生长季，盆土基本
干透的时候浇透水。
夏季避免暴晒，盆土保持稍干，冬季
减少浇水量。
繁殖方式：叶插，枝插。

锦晃星 Echeveria
　　　　 Pulvinata

景天科，石莲花属。

喜凉爽，干燥和阳光充
足的环境，耐干和
半阴，忌潮湿闷热。

盛夏高温时宜浇水
过多，加强通风。

冬季保持阳光充足，
节制浇水。
温度最好保持在
5℃以上。

繁殖：叶插,枝插。

← 花苞

紫蛮刀中文学名：紫章 菊科 千里光属
拉丁学名：Senecio crassissimus
别称：紫金章 鱼尾冠 紫龙

习性强健，宜温暖、
干燥和阳光充足的环境，
而耐干旱和半阴，不耐寒
忌阴湿。

生长适温15～22℃，夏
季高温时适当遮阴，加强
通风。
生长期每月施一次腐熟
的稀薄液肥或复合肥。
冬季放在室内阳光充足处
停止施肥。

2013·1·21.
紫蛮刀长出了花苞.

子持莲华真像玫瑰一样好看。

玉露

子持莲华 Orostachys boehmeri
景天科，瓦松属

子持莲华的叶子排列成小莲座状，
叶片有淡淡的白粉。
春秋两季是生长期 可全日照，夏天通
风遮阳，冬天温度低于5℃时要逐渐
断水。

今天阳光好，逆光状态的玉露 晶莹剔透，
如同一尊精雕细刻的翡翠玉石。

月兔耳 景天科 伽蓝菜属

毛茸茸的对生叶片还真像一对兔耳。

月兔耳需要阳光充足、凉爽、干燥的环境，耐半阴，怕水涝忌闷
热潮湿。在盆土干燥的情况下能耐零下5℃左右低温。5℃以
下要慢慢断水；夏季高温时休眠，这个时期控水，加强
通风，适当遮阴。

繁殖方式：砍头扦插和分株。

2013.3.30

紫珍珠 景天科 石莲花属

因为一度迷恋 "艳", 所以对紫珍珠也特别喜爱, 物美价廉的
典范! 养好了确实有珍珠光泽哦～

紫珍珠生长缓慢, 属中型。喜温暖、干燥和通风, 阳光充足的
环境。耐旱、耐寒、耐阴, 适应力较强, 稀耐烈日暴晒。无明
显休眠期。

生长适温15～25℃, 冬季不低于5℃, 对水份需求不多, 生长期浇水
干透浇透, 夏季遮阴, 节制浇水。

繁殖方式:

叶插. 枝插. 分株。

初恋、 景天科拟石莲花属
半日照时,叶片中心部分呈青绿色。阳光充足时,
颜色就呈现深粉色。
喜温暖、干燥和通风的环境,喜光,耐旱,
耐半荫,无明显休眠期。
生长适温15～25℃,冬季不低于5℃。
繁殖方式:分株、扦插和播种。

白凤 景天科 石莲花属

白凤因叶面中心有白粉而得名，喜光，光照充足时叶片变红，浇水
时要注意避开叶面，以免冲刷掉白粉，影响美观。
白凤呈开花粉红色，长长的花茎和花朵配上莲花般的植株很漂亮！
六月，我的白凤正在开花！

繁殖方式：叶插、枝插。

晚霞 Echeveria Afterglow　景天科拟石莲属

喜温暖、干燥、通风的环境。春秋季节是晚霞的生长期，生长期浇水
是干透才浇透。夏季休眠，休眠时注意避免暴晒，加强通风，控制
浇水。冬天尽量保持不低于 0℃，控制浇水，这样就能安全过冬了。

繁殖方式：播种和分株，砍头扦插。

玉龙观音　景天科 莲花掌属
此品种对日照需求较多，水分需求稍多，叶片变软就可以
浇透水了。夏季高温时进入休眠状态，休眠时叶片收紧
呈玫瑰状。较低气温时注意保温，防止冻伤。
繁殖方式：扦插。

霜之朝 景天科 石莲花属

喜光，稍耐阴，对水分需求不多，叶面有白粉所以要注意浇
水方式。夏季有短暂休眠，春秋生长季叶片变成蓝色，有红尖。
唉，我的霜之朝腿长得株形很难看，但要开花了。粉
繁殖方式：叶插、枝插。

蓝石莲 景天科 石莲花属

白牡丹 景天科 石莲花属

好养又漂亮的品种，做多肉拼盘的好东西！
平常为白色，日照充足时叶尖叶边变成粉色。
无休眠期全年生长，夏季注意避免强光
直射，但如果缺少阳光会出现徒长现象，
株型变得非常难看。

繁殖方式：叶插、枝插。叶插极易成功。

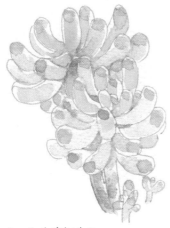

乙女心 Sedum pachyphyllum

景天科 景天属
乙女心白的叶子圆润可爱，只要光照充足（每天不少于5小
时的阳光），叶端会变成桔红，桔黄，大红等如玛瑙
珠一般的颜色，配上叶片根部的粉黄翠绿，非常漂亮，
是多肉萌物代表！

乙女心喜温暖和阳光充足的环境，较耐对寒冷，无明显休眠期。
生长适温15~25℃，冬季不低于3℃，配土一般用泥炭＋蛭石
＋珍珠岩各一份，浇水生长季干透浇透，生长季施肥一般可每
月一次。

繁殖方式：分株，扦插，插种。

蓝松 菊科 千里光属

组合多肉拼盘的好材料，四季呈蓝色。
喜光，列生张健的品种，无休眠期，根系马虎大，
对水分的需求相对较大。繁殖方式扦插为主。

Hai-Yan - 2012.11.20

女王花笠 景天科 石莲花属
浪浪型的叶子和烧丽的色彩
像根了花笠.
喜温暖干燥和阳光充足环境, 不耐寒, 耐半阴和干旱,
怕水湿和强光暴晒, 无明显休眠期。
生长适温18~25℃, 冬季不低于10℃, 控水保持盆土干燥,
不能向叶面喷水, 以免叶丛中积水腐烂。
繁殖方式一般有分株、扦插、播种。

冰莓 景天科拟石莲花属

老妈很乖，看到有卖肉肉的就会帮我买下；看到朋友家有养肉肉的就会帮我要一株小的，然后给我汇报！◡̈
春节老妈给的一株十二卷这几天正开花，美得很！
昨天夏至！怪不得这么热。

2013.6.22

红粉台阁 景天科 石莲花属

喜光，对水分需求不大，夏季注意控水。
日照充分温差大时叶片变成粉蓝和粉红色。

鲁氏石莲花 景天科 石莲花属

喜光，叶片四季呈粉白色，对水分需求不多，生长较慢。

浇水应避开叶面，以免冲掉白粉。

六月，我的鲁氏石莲冒出三枝花茎，开花了！粉红色花朵很
亮眼。

繁殖法：叶插、枝插均可。

玉缀　景天科景天属

常绿多肉植物。植株圆圆下垂，青绿色有白粉。需半阴环境，
稍耐寒，耐旱，忌水湿。
繁殖方式：扦插、分株。

子持莲华 景天科 瓦松属

特别喜光，夏季正常生长，属于典型的"夏型种"，可暴晒，夏天可正常浇水。冬季休眠，叶片收拢呈玫瑰状，花苞出现就是植株即将死亡的信号，所以要剪掉花苞。

繁殖方式：枝插。

八千代　景天科景天属　冬型种

喜温暖阳光充足的环境,较耐寒,无明显休眠期。
叶片灰绿色带白粉,光照充足叶顶端呈红色。
繁殖方法：叶插或者枝插。

妈妈的花草们，这是其中的一小部分。　　　　　　　Hai Yan. 2013. 2. 8

柳叶莲华 景天科景天属 又拟石莲花属

乙女心和静夜的杂交品种，兼具两者的特点，叶尖在阳光充足
的时候呈漂亮的红色。
喜温暖阳光充足的环境，夏季高温时休眠，切忌闷热和暴
　　　　　干燥、通风
晒，加强通风，控制浇水。

繁殖方式：扦插。

秋丽 景天科风车草属

喜阳光充足，通风干燥环境，对水分需求不大。

抗菌能力差，易感染病菌，养护中注意加强通风消毒。

春季开花。

繁殖：叶插、枝插。

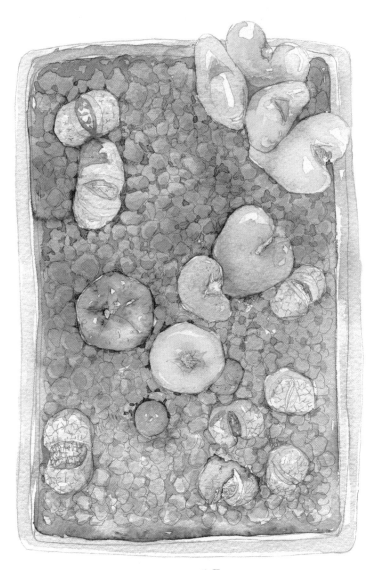

生石花 番杏科 生石花属

喜冬暖夏凉气候，怕低温，忌强光。
春秋季节生长期可以"见干见湿"原则浇水，夏季高温冬季
低温均可断水，冬季会出现"蜕皮"现象。
生石花品种繁多，以播种方式繁殖。

花月夜　景天科 拟石莲花属

绿叶.红边！花月夜将对比色运用到极致.完全打破了民间对红配绿的否定说法 ☺。

花月夜喜光,不耐阴,夏季注意.控水避免烈日暴晒.冬季保持盆土干燥。

繁殖方式:叶插,枝插。

很多人觉得花月夜和吉娃娃不好区分,其实不然,花月夜是红边边,吉娃娃是红尖尖！花月夜蓝一些,吉娃娃绿一点,"还有日光女神！"月光女神叶片中心不规则,极难得开些！

花叶寒月夜 (右上角)　　　　2013. 7.25. Hai Yan
景天科 莲花掌属

适宜在阳光充足，干燥的环境生长。夏季高温时植株生长缓慢,
应避免阳光暴晒，加强通风，节制浇水，冬季注意保暖，低于5℃
应搬到室内阳光充足处过冬，并控制浇水。
植株叶色丰富，株形秀丽，是制作多肉拼盘的好配角"。

繁殖方式：分株、扦插。

魅惑之宵　景天科石莲花属

喜温暖干燥、阳光充足环境，稍耐寒，耐半阴，耐旱，怕阳光暴晒，怕涝。
无明显休眠期。

繁殖方式：分株、扦插、播种。

凝脂莲 景天科 景天属

女多佳
景天科 拟石莲花属

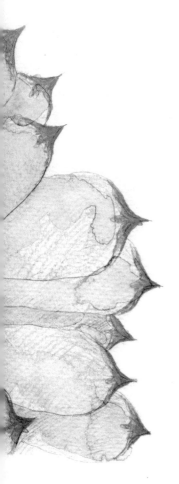

2013. 7.20. Hai yan

七、养肉日记

记不清从什么时候开始，用画笔记录花草们的生长情况已经成为
习惯——什么时候播种了，什么植物发芽了，什么植物开花了……

狂野地长起来吧!

一直喜欢铁皮罐种肉的效果。

耽误了二天还是把肉肉们种上了。这铁罐还是蛮有感觉。家里还有几株玉树，挖出几株配起。

直径9厘米。紫杉珠。收到多肉植物。记录下来。

(有点蔫了)

直径7厘米。红粉台阁。

玉蝶
直径6厘米

高度8厘米。蓝松

2012.9.24

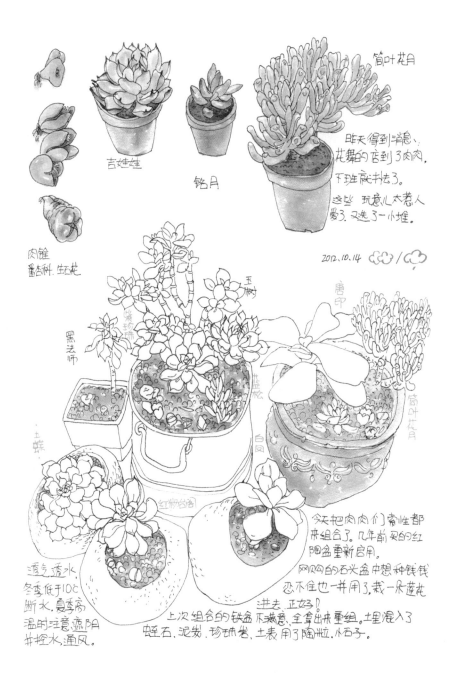

筒叶花月

吉娃娃

铭月

肉锥
番杏科·生石花

昨天得到消息、
花舞的店到了肉肉、
下班就书去了。
这些玩意儿太老人
爱了，又选了一小堆。

2012.10.14

黑法师

玉树

唐印

筒叶花月

土蝶

红物台盆

透气、透水。
冬季低于10℃
断水，夏季高
温时注意遮阴
并控水、通风。

今天把肉肉们索性都
来组合了。几年前买的红
陶盆重新启用。
网购的石头盆中想种钱钱
恋不住也一并用了，栽一朵莲花
进去。正好！
上次组合的铁盆不满意，全拿出来重组。土里混入了
蛭石、泥炭、珍珠岩，土表用了陶粒、小石子。

佛珠

网购了佛珠.
收到货时却断成
几截了. 只有扦插看看.

姜花

彼岸花

原来以为姜花就是姜开的花. 非也! 此乃姜花的根茎。

出太阳了。半月没有见过太阳了吧,捕捉下它就当留住它了,起码在心里罢

网购的彼岸花种球.一直觉得它很神秘,种种看。又叫曼珠沙华。

2012.10.16

2012.11.17

养了几年的玉吊钟，几乎没有怎么管它。
最近美艳了起来，苍老的枝条上长出了许
多桃红的新叶。

2012.12.5

搬到新家没几天，一切都很新鲜！肉肉
们也一派新气象！红稚莲好娇美。

2012.12.20 ☁/☁

搬家后整理工作完毕，开始陆陆续续搬花草。搬这盆长到一米多长的玉吊钟是件大工程啊！小心翼翼还是折断不少，干脆分成几盆种了！

2012-12-16 ☀

这几天天气晴好，昼夜温差大，肉肉们晒得效实！颜色跟比覆似的，一个比一个艳丽。

玉蝶抽出不少小花，紫云日开出黄色小菊花。

2012.12.21 ☁️/☁️

感冒了,头痛,背心凉,
穿得跟包子似的,还是
不暖和耶?

不管今天是什
么日子,还是
画画吧。

画完竟然没
有那么难受了,
画笔于我来说
真是一剂良药。

每天一大杯咖啡
是必需的。
只是煮得更多,晓得
明天还喝得成不
呢? :)

叶插的
紫珍珠

种下很久的
风信子郁金香球球
们都还没有动静。

还是不要爆炸啊!
地球。

今天是传说中的末日,
可是我的肉肉们都还没有全部画下来,怎么办?赶紧
画啊!起码要画下我目前觉得最美的冬云和静夜。

女雏 景天科拟石
莲花属.
夏季休眠.

冬日暖阳

2012年.12月31日. ☀

今年的最后一天阳光普照,雅生在阳光下睡着了,睡得很
享受,一定在做什么美梦。
女雏突然冒出了三个头,好事情!明天又是新的一年,愿岁月
静好,现世安稳。

2013.2.2 🌸 有记了红色花苞，吉娃娃 红得那么娇美无比啊！
看来是露养的成果，也要对它们太溺爱！外面温差大，光线好，
颜色都美起来～
怎么会有这么多不同形态的肉肉！长叶的、圆叶的、扁叶
的、大的、小的、开花的、长得就像花的！
植物真是神奇啊！

吉娃娃有十
七个花剑
壮观！

杂龙：景天科　非常喜日照，可半阴栽培，夏季高温时控水，
春秋季可大量给水，根系强大。冬末春初开红色花朵。中午开、晚上合，
连续几天。

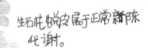
生石花脱皮属于正常新陈
代谢。

2013.2.4 立春。

长寿花 景天科 伽蓝菜属. 花期长达四个月.
这株长寿记不得有几年了, 长成了垂吊型
老桩, 有花苞了。

生石花 开口了, 是要脱皮了吧! 是
时候换个单间了, 脱皮要
断水呐呵!

洋水仙 悄悄话 开花
了, 很娇羞 的样子, 确
实很形象。

风信子 晚种的一批出芽了。

2013.2.12

黑王子的花剑足足有十厘米长了，花苞张开露出了鲜艳的红色。

2013.2.13

最近天气不错，静夜的红尖尖煞是好看！

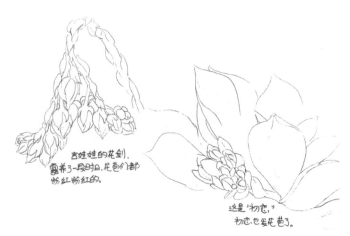

吉娃娃的花剑，
圈养了一段时日，花苞们都
烫红烫红的。

这是"初恋，"
初恋也发花苞了。

2013.2.19

吉娃娃的花剑好美啊！就像小荷才露尖尖
角。不禁感叹：不看花只看花苞就够美了。

2013.2.20

突然发现紫武藏居然有花苞了！不过
好mini啊！怪不得没有注意到。

白牡丹

2013年2月18日 农历正月初九
雨水节气，确实下雨了。
刚刚结束春节假期，工作
起来不在状态。就从
花儿们开始吧！翻土、
施肥、移植。然后拍它们、
画它们，新的开始，加油2013！

黑王子

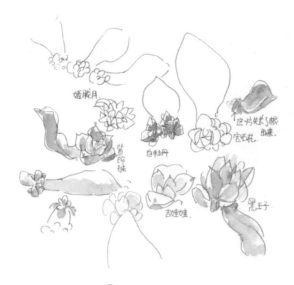

2013年.2月21日. 🌧

叶插的成果.

各种叶片 生出各种萌物,

真是粉嘟嘟, 胖乎乎一个个的!

百看不厌, 希望它们快快长大!

看样子有几个是双头或者多头的。

子持莲华的叶片好像打开了一点点。

亲, 早点从休眠状态醒过来吧!

2013.3.8 国际妇女节

黑法师好给力，红得很透明啊！怎么这么美啊……我爱黑法师……完全忘了夏天它掉光叶子光秃秃的丑样子了，呵呵。

2013.3.9

吉娃娃的花苞终于盛开了，花瓣打开居然是黄色的，像不像水果糖？吉娃娃也空前漂亮，可惜因为十几个花剑散得太开，不好拍照。

2013.3.9

最近几天温差大、日照充分，肉肉的颜色都很美呢！在重庆，这样的好天气不多啊！亲们一定要好好珍惜，美出一个状态给我看看！

2013.3.12   植树节

雨后肉肉们都蒙上一层灰啊，顿时蓬头垢面变村姑了。花月夜这个名字好！美，有诗意。

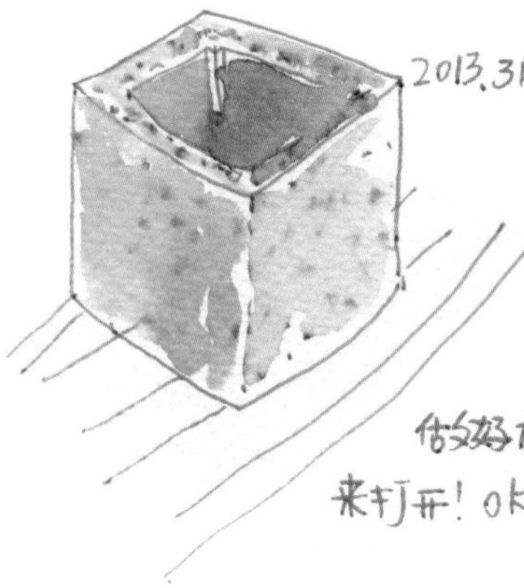

阳😊

2013.3月13日、一直觉得水泥花盆种
肉肉效果很好。在网上买还真
是不划算,运费比盆还贵!

算了,自己做一个吧.装修剩下
的水泥派上用场了.用泡沫板
做好模子.和好水泥灌进模子.第二天
来打开! ok啦~节约了!

水泥盆一时半会儿
好了,可是这些
外国货怎么办?!
春节和妈妈一起淘的
派上了用场!效果还不错吧!
又透水!

捞面竹隔了正好.
里面铺上了木织布.透气.

3月14日 晴，土干得很透了，浇水，浇水！太心太久
恐惟给它们洗了个澡！生长季来了哦～．go!go!
加油。
静谧看起来是很静呢！肉肉们状态，好，平时的辛苦也就烟消云散，值了。

3月5日 阴。
我的水泥花盆终于干了，迫不及待地从各盆挖些
萌货 做了一个拼盘！效果真不错！恰好这几天的这些肉肉
们的颜色也乖得很！蓝的蓝，紫的紫，黄的黄～

2013、3月25 长寿开花了，叶子
也由于温差变得很好看，瞧这华丽丽的
一堆啊！真是女大十八变。多肉普货
养好了一样美！我爱普货！

白牡丹最近有点徒长，形不好看，但花
骨朵很漂亮！刚冒出来时还以
为是个崽呢！

2013.3.26 🍃

我的进口萌物们在乡村捞面勺里长得
还不错耶！不是我崇洋媚外，进口的
肉肉确实好看些啊！

2013.3.27 🍃

每天都要看着它们发一阵呆，所以每
天都有惊喜。今天不经意地发现——
福娘小姐发出了新叶子，好一个桃红
柳绿啊！

2013.3.28

有阳光真好啊！这个画面用四个字
形容那就是春光明媚！红的红、
紫的紫，后面吉娃娃的花剑伸得老
高，撩人至极。

2013.3.29

这个木桶终于经不住日晒雨淋，散架
了。一时半会儿找不到修补它的材
料，只好找两根塑料套绳应急。好
煞风景啊！

来自云南.长叶红莲
好像手指,肉肉们状态不佳昔。

4月3日

在淘宝买的两单肉肉都
到货了。

过几天要出去写生,生恒走之
前收不到货呢!

组合!组合!最近在花市淘
3些盆,正好用上～

长生草属.墨莲 / 莲花掌属.花叶寒月夜 / 十二卷属.鹰爪十二卷
番杏科.底角海棠 / 风车草属.胧月 / 景天科.银星 / 黄金佛甲草
真石莲 / 元禄瓦松) 景天科.长叶红莲 / 长生草属.紫樱/玉缀

几年前买的彩色陶盆，
这几天肉也艳，配起蛮好看的。

4月4日 ☁☁

明天就要出去了，连夜把另一单肉肉种下。种成拼盘啦～

这一单来自浙江台州。

虹之玉锦 / 爱染锦 / 吹雪之松 / 双头小米星 / 小天狗

秋丽 / 白姬之舞 / 姬秋丽 / 红稚莲 / 锦晃星 / 红稚儿 (开着小白花)

4月12日 🌸 我回来啦～ 我倒是晒了几天！肉肉们阴了几天，
都绿了秒！柏戈带回了阳光～
柏 誓蛮刀开花了！很好看！
园子里各种花开各种美。
柏真觉得真
碾肉肉待的
地儿～

这次去了山西、陕
西，阳照强空气干
燥、温差极大！是肉
肉生活的好地方。
每生时忍不住感，
慨了几次，
柏，面对现实吧！
我也不能带肉迁家呀阿，
还是在湿润少阳的重庆把肉养好吧。
赶紧把肉肉们全拿到室外，好好地
晒晒晒，把颜色给我晒回去。

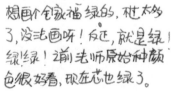

想画个铭家福绿的，柏太多
了，没法画呀！反正，就是绿！
绿绿！渊老师原始种颜
色很好看，现在芯也绿了。

4月16日. ☀ 这棵黑老师
原始种初买来时高得要挂了.
还断掉一个头。室内养了一阵后一直露养着,状态越来越好!
看来熬药的砂锅用来养肉真不错耶!

2013.4.19 ☀ 高砂之翁一阵疯长，长成巨人了。
姬雏颜色变浅，红尖尖越发好看，生出不少小崽子，月影还
是老样子，好像长大了一点。子持白莲长得好卖。

好一个姹紫嫣红的春天啊～
需要记录下来的太多了，纸张有限，美无限。

2013.4.23 ☀

雨后晴天，肉肉美得越发不像话
了，非常亮眼，整个肉群色彩斑
斓。

黑王子越发高贵了，变成了红
王子，形也好看，紧凑精神
十足。真不愧是普货中的战
斗机"。

玉蝶这几天连枯叶都
好看，叶子泛蓝，小红尖
格外迷人。

4月25日

吉娃娃也露养啦！生长季可以适当多补一点水。
淋了一场雨后，我美丽的吉娃娃又美上一个层次！
怪不得它又叫"杨贵妃"。瞧这国色天香的样子，确
实对得起这个名号。

看来温差才能让肉肉美艳起来呀。但是重庆的温差
大不到哪儿去～. [肉肉们]就趁机好好美个够，热
起来就蔫火了。

2013.4.30

我不赞成死记多久浇一次水，一般是
干透浇水，不过春天可以适当多给些
水，生长季节嘛。

这几天忙着画稿,忙
着准备作品展,每天最
放松的时刻就是
对着它们发阵呆,对
会儿话~

2013.5.3 我也算是"花痴"吧,具体表现就是对着它们
发呆加傻笑。对它们好,怕热着,怕冻着,
下雨了想起谁谁不能淋……一夜都睡不安稳。

2013.5.11 ☀

宝石花 叶插的小苗长
大了。

泡泡送给我
的鲁氏石莲长得很小央。
最近长出了几个小崽子。

鲁石莲的颜色果然
不怎么变呢!

子持莲华一直是包菜状,最近拿出去露
养着,淋了几天雨,全都举起了若干小
手,乖得很!

2013.5.16 ☂

天天阴雨，肉肉们都成软饼了，
绿绿的，松松垮垮的。^_^。

黑王子变绿王子啦～～郁闷，不
过，这就是自然规律，要坦然接
受啊！

这株肉在花市淘的，
老板非要25元，我看它
直径有十二三厘米，根
部有几个小崽就买了，
当时觉得是毛叶菜，
现在觉得它应该是莲
花掌，因为它直径有二十厘米
左右了，一圈小崽都长出来了，
有木质花茎。
可气的是一天夜见，它被可恶的

好多小
缺缺央
气啊！
昨天还
好好
的。

虫咬得面目全非！

2013.5.18

全绿了，黄绿、浅绿、
全绿了。蓝绿、墨绿、果绿。
绿得人心
都绿了。
也罢，画它
们完全都不用怎
么调色了！
就长个子去
吧！

5.22日 ☀ 收到微博网友帮我买的
十个飞蝶,一株多头黑法师老桩。

亲包得很好,法师头有点变形,
其他都好!哦,还有就是黑法
师成绿法师了,哈哈,且听多绿
法师。

法师
矫形中
⇒
很快就红
了!状态不
错。

一直很想,在大陶缸种满大型的肉,
终于实现了! ﹒◡﹒

晴
了
2013.5.23日.雨
白天高温晚上下雨
了。身体不适还是冒雨
种了玉蝶和黑法师。

这大缸太吃土了,泥炭、蛭石、珍珠岩各用了几大包!
配了些在成都三王乡买回的碰碰看。

2013.5.6

热起来了！几场春雨后，高砂之翁疯
长，变成了巨人！这几天突然升温，
太阳也毒，赶紧把它们转移到阴凉的
地方。

2013.5.30 用。

←荷兰淘的
老木桩。

肉肉们在这阴阴的天气里都变绿了, 松垮了。
绿就绿吧! 垮就垮吧! 只要能安然度夏。

叶插的小崽子们一直没有安顿, 在成都三
圣乡淘到的mini盆正适合它们。

直径5cm左右的盆, 居然还可以放两个!

2013.6.1 ☀ 儿童节

象牙莲有孩童般的稚气，有少女的清
新。我看好你哦！加油！

泡泡送的鲁氏石莲，
个头超大，来我家后长
势良好！冒出了三个
米(应该是花剑)。

扫把送我的唐印也
深得我心，比我
自己原来那株长得好
得多，株形美，颜色正。
其实它俩比下面
几个货大得多！图~
画小了，越画越
大的毛病还是
改不了。

2013.6.6 雨。一直露养着的吉娃娃、
紫珍珠、厚叶旭鹤、蓝松、黑法师原始
种......状态一级棒！颜色美，精神好！

黑法师原始种是绿色的！
被我养得壮壮的，美美的。

乙女心在阳光房里
闷了两天,一碰叶子
就掉落一地。只剩
杆杆!好心痛。

靓凤凰
多灾
多难!
上次被
虫咬这
几天又长介
壳虫了。

紫牡丹和铁观音你
睡了,叶子收拢成
包菜,也好看,断水
吧~

2013.6.12.

2013.6.19 ☀

最近太热了，青凤凰经历了无数坎坷，最近又被介壳虫缠上了。拿到通风处喷了香山杀虫王，看起来今天状态还不错。

2013.6.21 ☀ 夏至

肉肉们真正的考验开始了。在火城重庆，人和肉肉度夏都不容易啊，希望你们安然度过可怕的夏天。

2013.6.23

这一堆一直露养的孩儿们除了绿了点，精神状态还不错。这样天天晒还真怕它们出问题。

2013.6.25

鲁氏石莲的花剑终于露红了，是橘红！大自然配色的手艺很独到呢！粉红配橘红，不过有浅蓝灰色的叶片作底色，怎么配都不难看！

初恋的故事

此"初恋"非彼"初恋"

2013.2.20

初恋被冻得好美啊！长出了花苞，萌得一塌糊涂，赶快拍下来。

在网上看到初恋的图片就喜欢上了，
兴冲冲地在淘宝淘到了，顺便买了一堆。

2013.1.10 ✿ 收到网购的多肉，我拥有了一株初恋。

它7厘米左右大，全身呈深深的粉蓝色，很漂亮！

← 初恋、种好它就
舒展开来。

用一个旧藤筐缝上不织布，
就是一个绝好的花器。把它
们做成一个拼盘。

2013. 3.5 ☀

惊蛰,万物复苏。风信子开得很美,牵牛花发芽了,初恋的
花剑越长越长～颜色也呈高雅的粉嫩色,相当迷人!

敲起娃开花.

2013.3.25　晴. 初恋的花
　　盛开了.
　养肉真的不能死记多久浇一次水, 种植要用什么样的土, 而是
要用心, 各自所处的天气状况不同, 养殖环境不同, 浇水的周期
当然不能一样, 观察它, 了解它才能懂它, 才能养好它。

青凤凰也被咬了!
　　清晨
2013.5.3　雨. 正在感叹春天真好, 突然发现, 初恋被啥
玩意儿咬了! 郁闷, 目前看来是虫! 不是鸟儿也不是耗子, 因为没
有抓痕, 好心痛, 初恋这几天颜色正美呢。

雨

2013.5.3 中午，一直守在边上 等待凶手出现。守了一上午！逮了
个正着！正是祸害我很多花草的大虫！白飞蛾产卵孵出的
这货，专吃叶子！艿艿食量惊人！

小P说帮我检查了没虫了，还帮我
喷了药！天啦！啥子药！她说杀
蚊子的药，完了！完蛋！
我的初恋小多了！赶紧拿水冲啊冲啊冲啊～

2013.5.5 阴。果不其然！我担心的事情还是发生了，太多的
灭蚊药让初恋的很多叶片呈透明状，像被开水烫了
一样！欲哭无泪，赶紧掰下些完好的叶片做叶插，
并且剪掉坏掉的叶子。

它，成了这样！

2013.5.10 连绵的阴雨天终于放晴。有太阳晒花了,可是我的初恋,它,挂了!

 叶子一天天地全透明了。

接下来……天天在淘宝淘啊!淘~ 不是品相不如我那株, 就是很小、很小!

2013.5.14 晴,在微信上面看到泡泡家的初恋,长得好喜人啊!恋不住留言感叹,酸酸的!

泡泡 回复花农女:…………

"挤得要爆盆了"……

…"不行我给你一朵"…… ◡

那我厚起脸皮再要一棵吧!———————

宅兜自上海~

2013.6.6 阴. 顶楼温度28℃.
泡泡割爱寄来的补货, 完好
无损, 连夜种下!
配了一个可爱的仿搪瓷小桶,
希望它尽快长得肥肥的, 壮壮
的.

2013.
6月14日 晴. 生生不息. ~ 这就是多肉的神奇之处之一!

2013.6.23

初恋小崽长高了，给它们换了个乖
盆，给我好好长大吧。

2013.8.28 ☀

从台湾旅行回来，草花及伤不少，但是肉肉们

状况还不错！

初恋一直挂在白当花枝叶下，又通风又有阳光！但

又不会被暴晒～所以长得好好！长高了不少😄，

叶片也粉粉的。

八、多肉外传

我生活中无处不在的多肉

刺绣，另一种多肉植物
的感觉。

家里满墙挂着自己画的多肉
图片，
还有画在颜料盒上的多肉，
画在家具上的多肉……

布贴画，把碎布头废物
利用起来。

蜜蜂爸爸家的特制画本也被我
画上了多肉。

多肉彩铅手绘教程

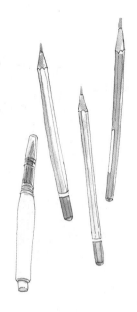

所需材料：

彩铅笔

细纹绘

画纸

因为我平时也喜欢刺绣，所以画彩铅的时候结合了一些刺绣的感觉，用了点彩画法，画出来极像刺绣作品。

1.选一个肉肉的颜色勾勒大概轮廓和画面布局。

2.进一步勾勒出所描绘的多肉。

3.用短线条铺出大体色调。

4.仍然用短线条刻画细节突出深浅，注意对比色互补色的运用，比如画紫色部分，我不直接用紫色而是用蓝色和桃红色的短线条穿插着画，远一点看就是紫色的感觉，还很梦幻哦~（比如蓝色和黄色可以组合成绿色，红色和黄色可以组合成橙色……）。

5.强调暗部，形成立体感。

6.点缀一点小石子，ok！还可以大面积铺上短线条，让画面更完整！一幅像刺绣的彩铅多肉画就完成了。

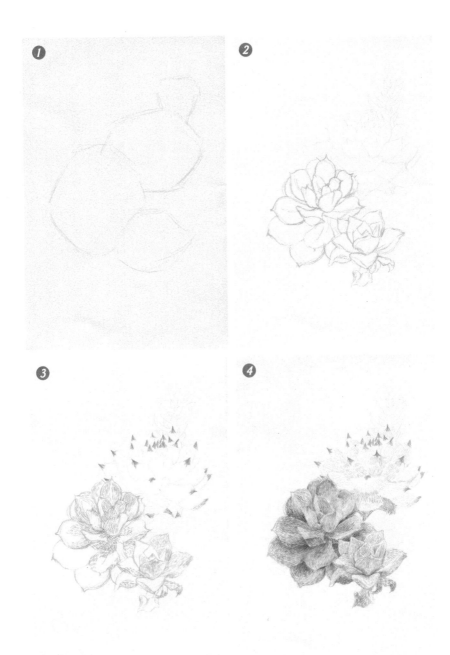

多肉水彩手绘教程

所需材料：

水彩纸

固体水彩颜料

水彩画笔

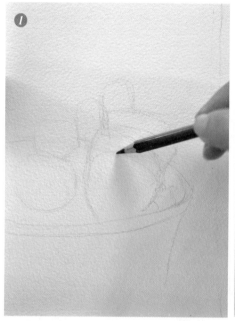

1.彩色铅笔打底稿，构图时注意画面的整体效果。

2.勾勒出每个肉肉的轮廓。

3.淡淡地铺一点底色，铺出主体肉肉的浅色部分，用水渲染，注意留白。

4.画出深色的多肉衬托浅色的主体部分。

5.水彩颜料具有透明的特性，覆盖力差，所以画的时候我一般是先浅后深的步骤。用深色衬出浅色的主体，主体部分，将柳叶莲华作为重点刻画，后面其他肉肉以及铺面石略微刻画，让画面更有立体感。

6.最后用大一点的笔，结合较多水分渲染背景，简略地画出花器。

多肉基本养护问与答

几乎每天，我都会收到微博、微信、手机来电或者QQ上的各种关于多肉的咨询，有些是朋友，有些是陌生人。其实我并不是专家，只是我喜欢肉肉，所以热衷了解它们，所以它们都还长得不错！除了书里涉及养肉的基础知识之外，我还归纳了一些简单的问题，希望可以帮到喜欢肉肉又不知道怎么养护的你。

问：怎么开始去养肉肉？
答：新买到一种肉肉，我都会先做功课，了解它的习性，然后结合自己的养护经验和本地的气候条件去养护它。当然，最重要的是爱心。

问：怎样养肉肉才漂亮？
答：除了要充足的光照，还要有比较大的温差条件。

问：怎样养肉肉才能让它健康长寿？
答：光线充足、通风良好、浇水适量。

问：我的肉肉死掉了，是怎么回事啊？

答：肉肉的几种死法：1.不通风，病死；2.不通风，长虫致死；3.夏天暴晒致死；4.水浇得太多，烂根而死；5.长途运输后水土不服而死；6.东挪西挪伤根致死，或者因环境不适而死；7.干死；8.冻死。

问：肉肉发黑了，怎么办啊？

答：一般来说是"黑霉病"。发现有局部叶片黑霉现象应该马上摘除，加强通风是关键。同时要做好防虫工作，并喷洒一些多菌灵。如果出现莫名其妙的掉叶现象，茎或者叶片根部发黑，又或尚未变黑，但稍微一碰，叶片哗哗掉落，这也是霉菌感染的现象。不是通风不足就是浇水过勤了，这种情况在夏天非常容易发生。这时要及时喷洒多菌灵，剪掉病变部分，在通风处晾干剪口等待扦插。

问：肉肉长白虫子怎么办啊？

答：夏季多肉植物容易生出名为"介壳虫"的小白虫，它们通过吸取植物的汁液生存，会引发枯萎以及霉菌感染。数量较少时，可人工捉除，多的话可以喷洒酒精稀释液。我还使用过香山杀虫王，效果也不错。

还有一种像白粉一样十分微小的害虫"粉虱"，它们不仅吸食叶片水分，分泌的蜜露更会带来各种霉菌。被侵害的叶片常常伴随着黑霉病，严重的会导致整棵植物感染死亡。初期及早发现，速速隔离可以避免传染其他植物。消杀方法同上。还可以用缓释颗粒杀虫剂，拌入土中可以起到预防作用。

特别提示：春末初夏，可以对肉肉叶片，根茎，土壤进行集体预防处理（很重要！）

问：多久浇一次水呢？

答：这个真没有准确答案，看你的气候条件啦。一般来说是土不干不浇，浇则浇透，就是前面说的"见干见湿"。春秋生长季节可以适量多给一点水。

问：你都是在哪里买多肉呢？

答：除了本地花市，也经常在淘宝网上购买，给你推荐几家性价比不错的吧：

浮影水城园艺店：

http://shop71632802.taobao.com

minipot园艺杂铺：

http://minipot.taobao.com

优品多肉：

http://updr.taobao.com

卷卷的肉肉店：

http://shop103870777.taobao.com

后记

　　虽然我名号花农女，但是我不是花农。我只是一个热爱生活，热爱绘画，热爱养花草，在养护植物方面还在不断学习中的女裁缝。

　　闲暇时光我最热衷的事，除了栽花种草就是画花草了。而画得最多的莫过于肉肉，于是就有了这本书。

　　这不是一本肉肉养护教科书，而是一本简单的手绘书，主角就是肉肉和我，并且附上一些我多年学习来的养护知识和自己的心得（不足之处敬请指正）。

　　希望这本书能让爱上多肉的你，或者是即将爱上多肉的你，感受到养多肉的快乐！

　　在此感谢：

　　影响我重拾画笔，帮助我进步的虫虫、让我不断提高的扫把和卡斯丁多、教我处理图片绝招的亦邻（我不善言辞，这些文字完全不能表达我的谢意，只有给你们做衣服啦）！

　　没有你们这一群热爱绘画的性情中的女子，我应该还在画着服装设计图和裁剪图，也就没有这本书了！

　　感谢微博上的"肉友"们，每天发肉肉美图刺激我进步，也让我学习到不少知识，就不一一@你们了，谢谢！

图书在版编目（CIP）数据

多肉植物手绘日记/花农女著. —— 重庆：重庆大学
出版社，2014.3（2015.6重印）
ISBN 978-7-5624-7902-4

Ⅰ. ①多…　Ⅱ. ①花…　Ⅲ. ①多浆植物-观赏园艺
Ⅳ. ①S682.33

中国版本图书馆CIP数据核字（2013）第298094号

多肉植物手绘日记
DUOROUZHIWUSHOUHUIRIJI

花农女　著

策　　划：　重庆日报报业集团图书出版有限责任公司
责任编辑：王伦航　　版式设计：唐　旭
责任校对：刘雯娜　　责任印制：张　策

*

重庆大学出版社出版发行
出版人：邓晓益
社址：重庆市沙坪坝区大学城西路21号
邮编：401331
电话：(023) 88617190　88617185（中小学）
传真：(023) 88617186　88617166
网址：http://www.cqup.com.cn
邮箱：fxk@cqup.com.cn（营销中心）
全国新华书店经销
重庆共创印务有限公司印刷

*

开本：787×1092　1/16　印张：11.5　字数：150千
2014年3月第1版　　2015年6月第2次印刷
ISBN 978-7-5624-7902-4　定价：39.80元